SINCE
漫娱文化
趣 玩 书 系

玩坏这本书3

拯救强迫症

嗨迪 主编

长江出版社
漫娱文化

阅前须知： 打开本书之前，请你先深呼吸一下，以平静的心态诚实回答以下问题：

1. 你会点掉所有社交软件上的信息提醒吗？
2. 你是否总爱完美地踩着地砖缝走路？
3. 摆放整齐的物品是不是会让你觉得很爽？

如果以上三个问题你都给出了确切的回答，那么，请畅快地翻开这本书吧。

在书中，你会看到许多让你一言难尽的图片，和一些会让你瞬间亮起“逼死强迫症”警报的问题，但这次，你不必以逃避的心态来躲开这些精神攻击了——拿起你顺手的工具，或干脆徒手上阵，正面对抗它们，按照书上的说明去尽情搞破坏吧！

这是一本不需要你怜惜的书。在接下来的阅读时光中，你将迎接各种千奇百怪，脑洞大开的要求，这些要求或许会让你无语至极，但在它们的指引下，你会完成一个个简单又充满趣味的小任务，或是制作出各种独一无二的“新奇”作品……你将在这种轻松的动手过程中逐渐地放松自己，舒缓压力与焦虑，释放自己的天性，并收获成就感，体验到创造的快乐。

本书献给所有在繁忙紧张的现代生活中感到迷茫的人们，希望它能为你们带来片刻的轻松与安宁，让你们重新找回对生活的激情。

……

好了，鸡汤灌完了！

那么，让我们开始游戏吧！

请用端正优雅的字体签下你的大名

用活泼可爱的字体留下你的外号

（没有的话现起一个吧）

拿不同颜色的笔签下你的英文名字

（每写一笔换一种颜色）

用左手写下你的出生日期

拿黑笔涂掉跟你不相符的那个选项

♂　　♀

你打开本书的时间是（精确到秒）

用超大的字体写下你的联系方式

*若是有缘人拾到了这本书，诚邀参与书中的游戏活动，
任意翻开某一页遵照该页要求完成，而后将此书归还。

预备起

1. 不管翻到书中哪一页，都要按照指示完成。

2. 自己标注页码（书中无页码）。

3. 每晚睡觉，都要把这本书放在旁边。

4. 发挥你的想象力和创造力。

5. 不要担心书会被你弄脏、弄破，大胆去做！

准备好以下东西，与本书一起来做游戏吧！

灵巧的双手
灵动的眼睛
灵活的大脑
剪刀
铅笔
马克笔
水彩笔
自来水
米
碗
苹果
草莓
橘子
叶子
小刀
针与线
透明胶
胶水
咖啡
颜料
手机
钟
钱包
垃圾桶
薯条
泥土
订书机
卷笔刀
硬币
墨水
饼干
快递单
电影票
绳子
照片
时间
耐心
清单
铅笔屑
奇怪的素材
尺子
尖锐物
表
朋友
奶茶
花坛
纸币
镜子
本子
车
歌单
铲子
想象力

剪下这个图形，把它送给有强迫症的朋友吧。

（愿你们的友谊天长地久）

把下面的字母
填补完整。

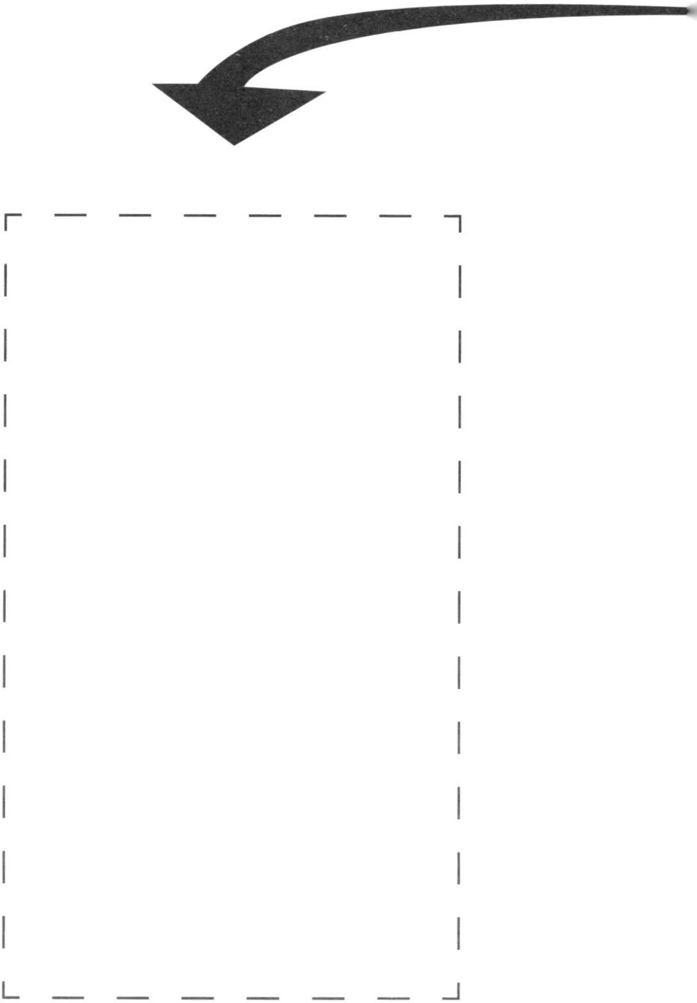

请你剪下这张纸上的图案，
将它们拼成一个完整的图形，
贴在左边的方框内。

徒手画一个圆，并展示给你的朋友看，询问TA到底**圆不圆**？

想办法让这张纸上的脚印

变得正常！

撕下这张纸

随手抓一把米倒在碗中，

数清楚一共有多少粒。

看到这一页的时候，
请你仔细思考一下这个问题

你出门前真的关好门了吗？

是时候展现你的技术了！

削一个

保持果皮不断

并将果皮完整地贴在这张纸上

请怀着虔诚的心情，

在这页纸上写出

一篇排列整齐的日记。

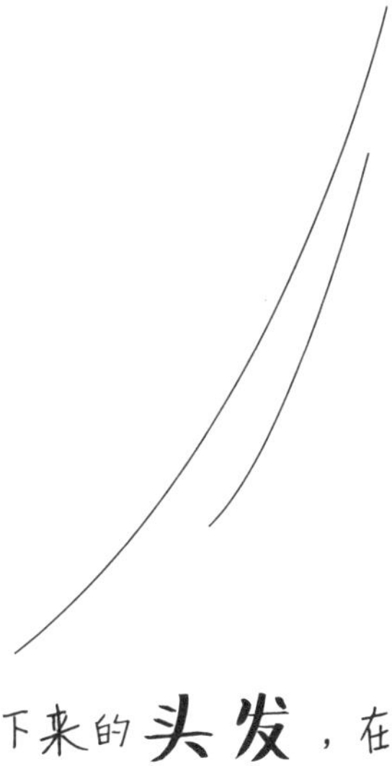

收集你早晨梳头时掉下来的**头发**，在本页粘出**你的名字**。

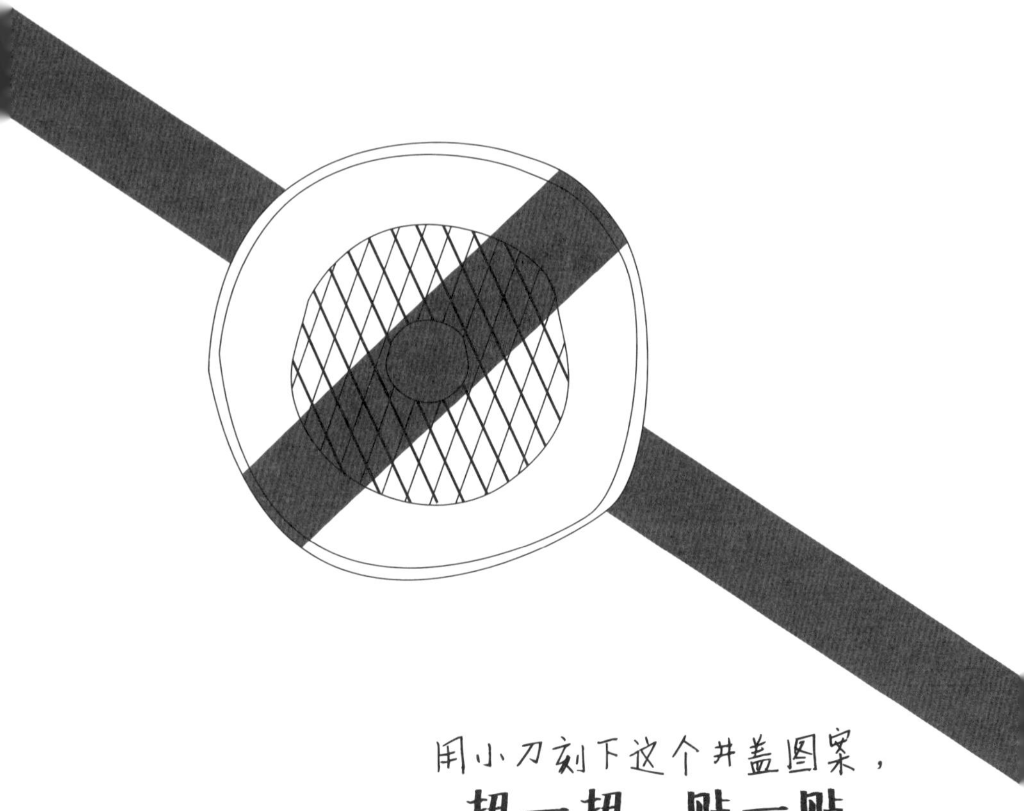

用小刀刻下这个井盖图案，

扭一扭，贴一贴，

让它变得顺眼。

拿起你最顺手的工具，大力戳破这些点，再揭下这个图案。接下来就是

见证奇迹的时刻！

本图来自《雕刻时光》

请你为下面这幅渐变的图案填色。

这张纸让你抓狂吗？

自己动手把**图案补全吧**！

走出这个迷宫

是不是很生气？

别难过，

喝杯奶茶冷静一下吧。

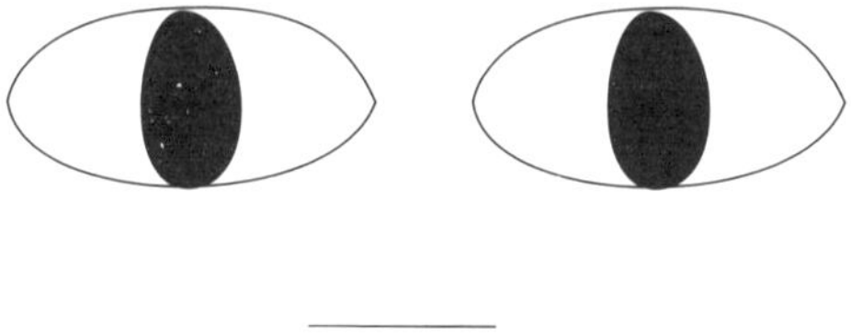

折叠这张纸，

找好角度，让这张脸露出笑容或面带愁色，

并拍照留念。

请在此页滴上有颜色的水，用嘴巴吹
出图案，尽量不要超出边界。

用铅笔当飞镖，站在两米远处投掷本
页的靶子，你能正中靶心吗？

请你拿上这本书，出门找个花坛，
绕着边缘走**十圈**。

打电话给TA，

对TA说一句

“你超可爱”。

数到你手机通讯录的**第31个人**，

强迫症鉴定时间，

请把家里的钟全部调成与下图完全一致的时间。

14:52

分蛋糕了解一下，请画**四笔，**
把这个蛋糕分成10**份**。

使用**奇怪**的素材，↑

在此处画一幅"奇丑无比"的画！！！

用笔沾上水，大力挥动手臂，在这页纸上甩出一条**完美的直线**。

在线条以外的地方涂上颜色。

试着在本页写出倒着的镜像字吧。

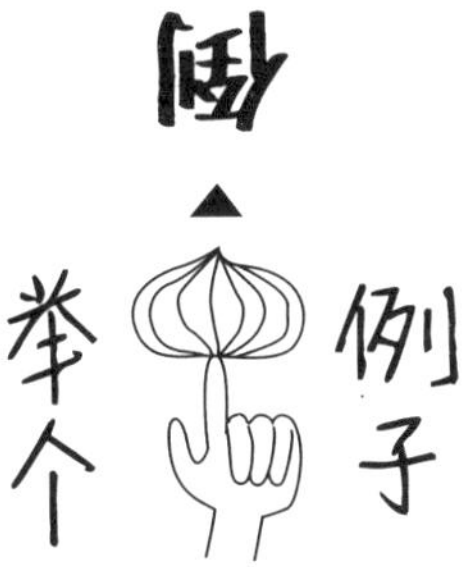

打开你的钱包，将你的纸币按照数额大小重新排列好。

土壕

穷

穷

穷

穷

把你看到过的最爽的

一张图拍下来贴在此处。

撕下这张纸，揉成团，
想象自己是三井寿，
准确地把它投进垃圾桶里。

请尽情展现你的艺术细胞，为下面这只手做个**美甲**。

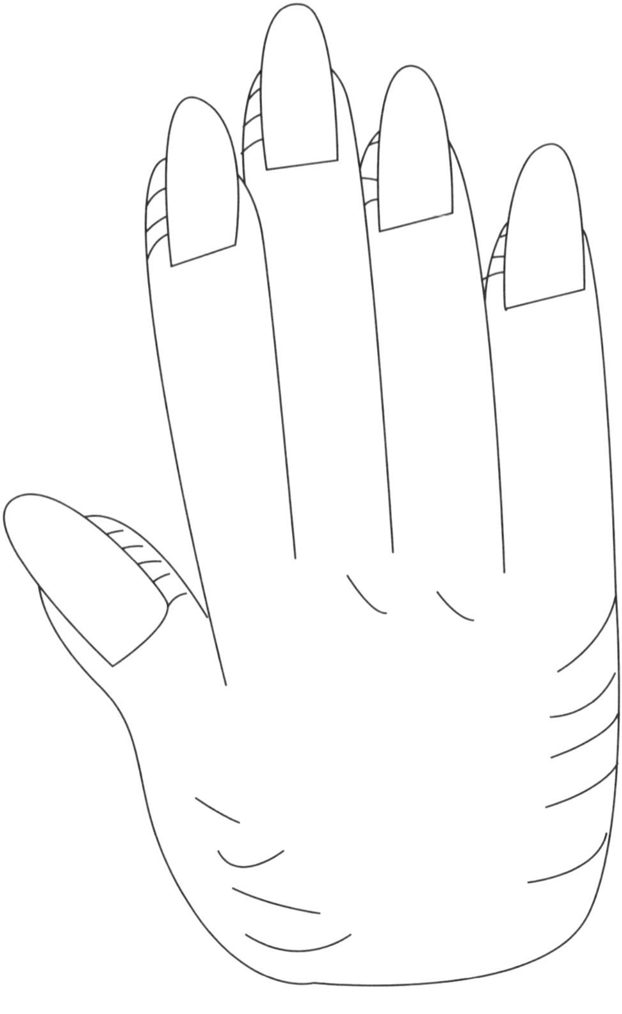

对着镜子给自己剪一个
完美的齐刘海吧。

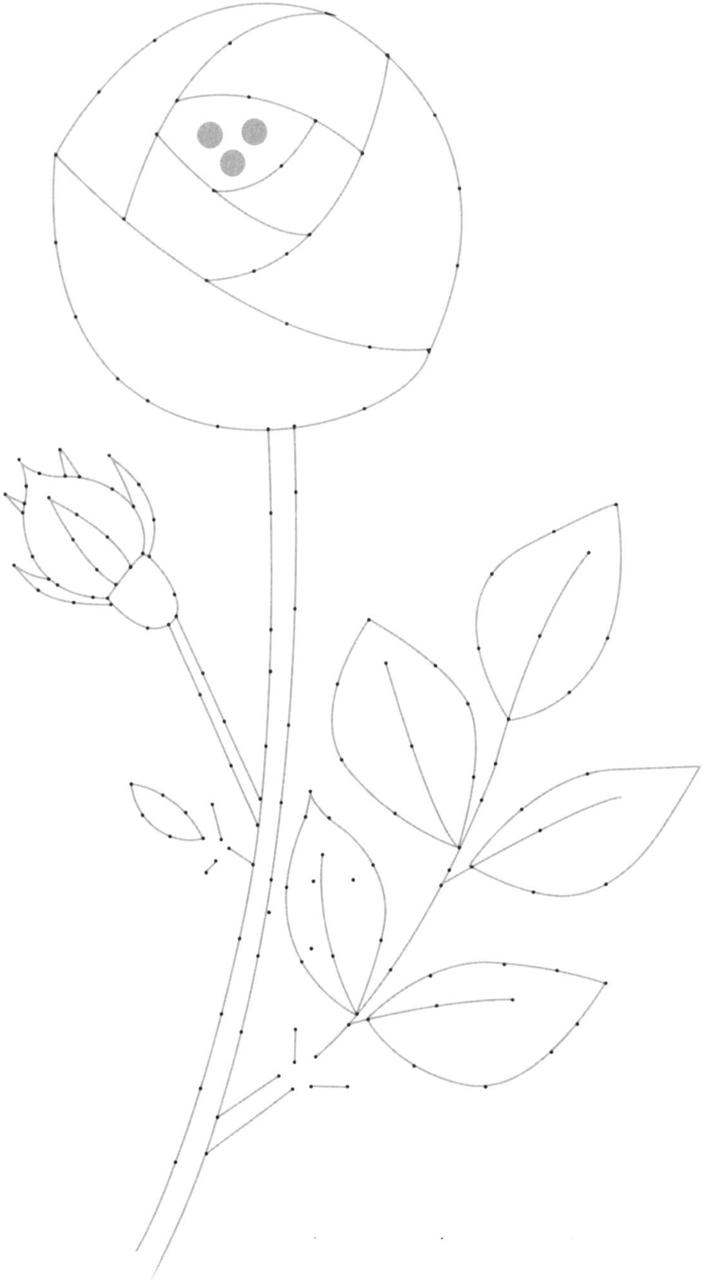

请用针线在这张纸上完成这幅刺绣。

上页图来自《纸上花》

当手机时间显示11:11的时候，
截图保存，
并将照片粘在此处。

用你能找到的所有尖锐物
刮擦这张纸。

金拱门

去M买一盒薯条，

将它们由长到短排列整齐，

再满怀信念地吃干净吧。

拿出一颗草莓，剔掉它身上所有的籽。

剥一个橘子，

完美地撕掉橘瓣上的白色脉络。

现在你可以让它们跟刚才
的草莓籽在本页联谊了。

抓一捧泥土，在本页抹出一朵花的形状。

带上本书前往超市的冷藏柜，
找到第4排第2列的饮料，一口气喝掉它。

（PS：先结账）

克制自己的充电欲望，

把手机用到只剩 2% 的电量吧。

请你补好

下面这双破掉的袜子。

现在回忆一下，你早晨下床的时候，先迈的左脚还是右脚？

下面这些古诗是正确的吗？如果不是，默写出正确的诗句吧（注：高考前夕请跳过这道题）。

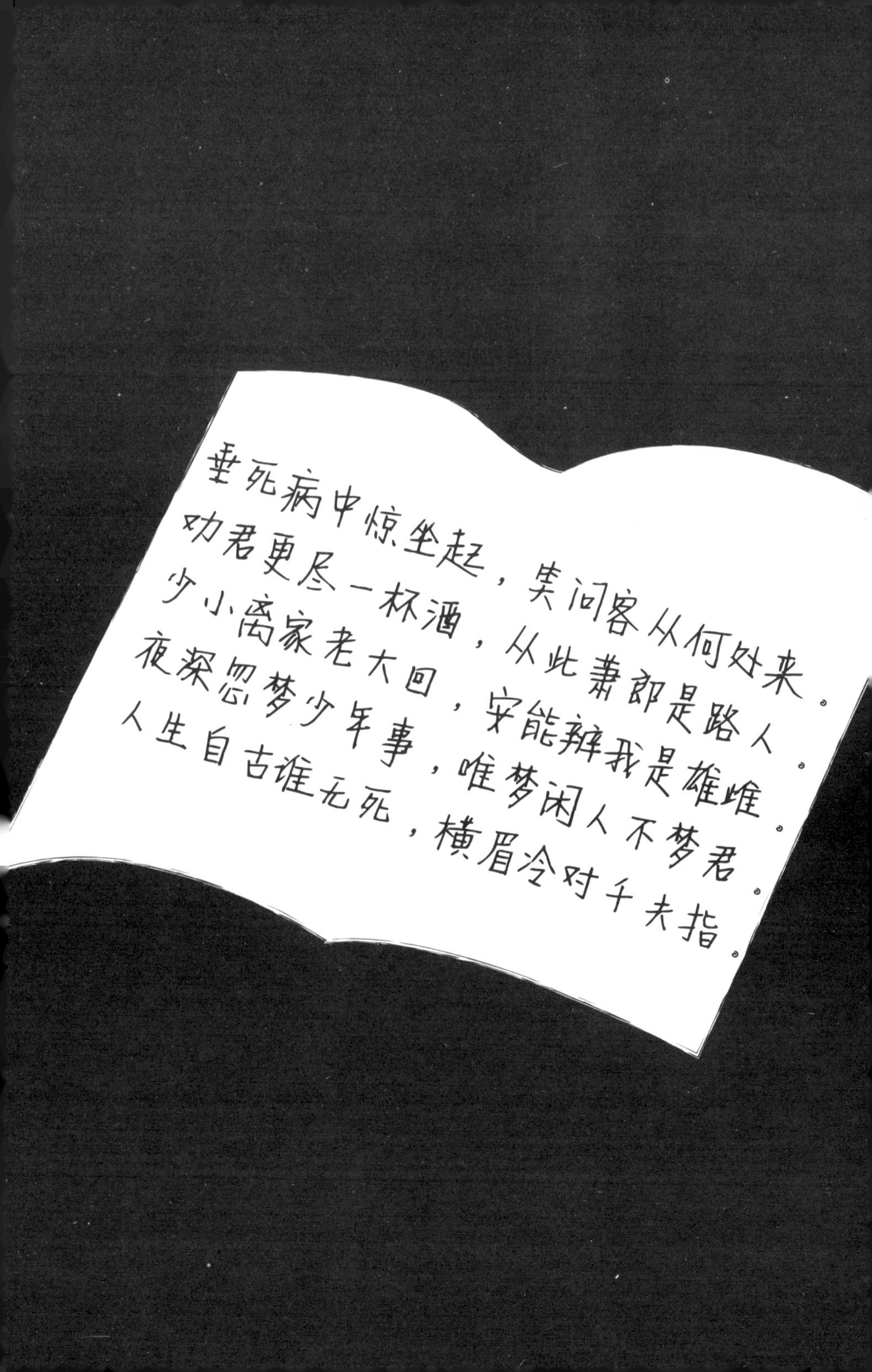
垂死病中惊坐起，笑问客从何处来。
劝君更尽一杯酒，从此萧郎是路人。
少小离家老大回，安能辨我是雄雌。
夜深忽梦少年事，唯梦闲人不梦君。
人生自古谁无死，横眉冷对千夫指。

完成这页连线，你将得到这两张奖状

张馨予	豆瓣女神
张艺兴	王思聪前女友
张歆艺	实力派演员
张涵予	SNH48 成员
张予曦	“木子曰辰”
张雨鑫	袁弘的老婆
张辛苑	EXO 成员

请你第一时间反应出下列句子该如何用英语表达。

原来如此。
等一下。
厉害。
过分。
糟糕。
没关系。
骗人的吧。
怎么办。
不要。
真的假的啊。

请你徒手在这张纸上画满整齐的线条。

和朋友完成这两面纸的对话，每句话不能超过十个字。

用黑笔填满图中的空白区域。

你能找出这团线的线头吗？

在地上围出一个圈，
站远一点，
把本书干脆利落地投进圈内。

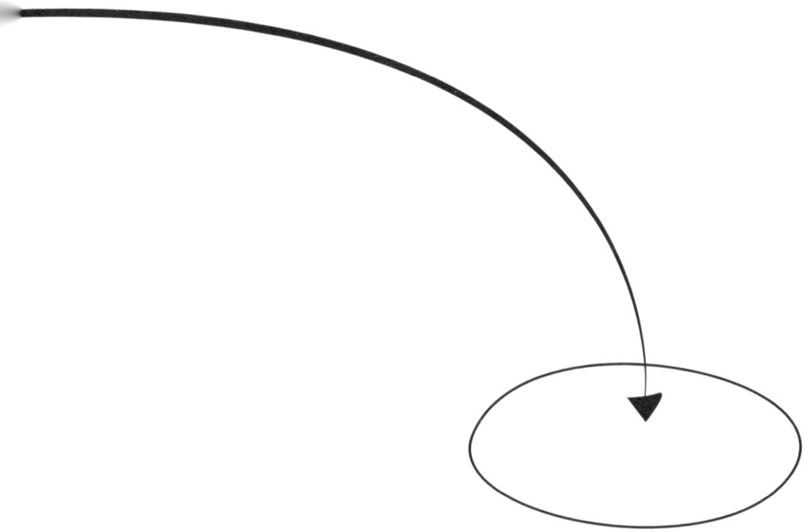

把这张纸弄得乱七八糟，
再尽量将它恢复整洁。

在纸上写出你能想出的对称的汉字。

例如：囍 天 土

囍

请在搭乘交通工具的时候
掏出这本书，在这一页上
画出一条直线。

选择你喜欢的道具，用它们把这两页粘起来。

迅速用相应颜色的笔写出含有这几个字的歌词。

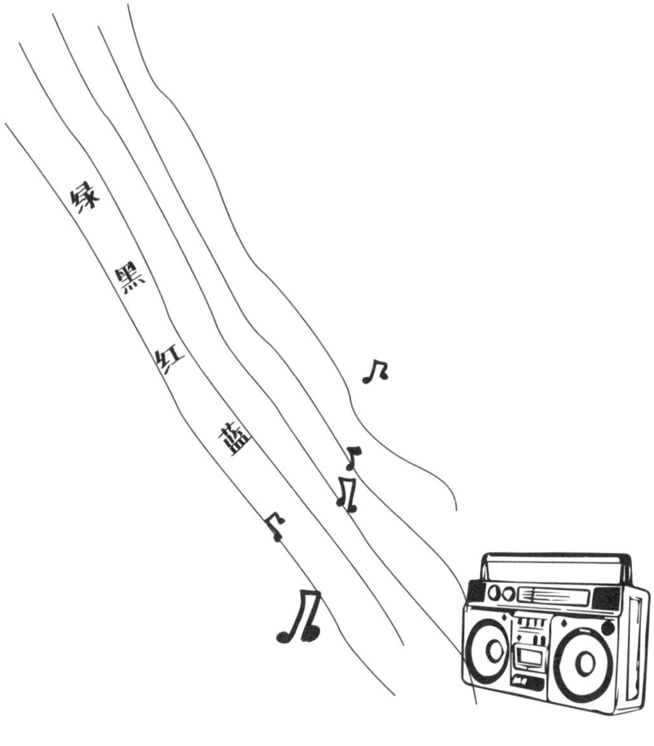

请想办法让这页纸变得干净。

在你身边的常见事物中

找出与下列这些圆大小匹配的物品。

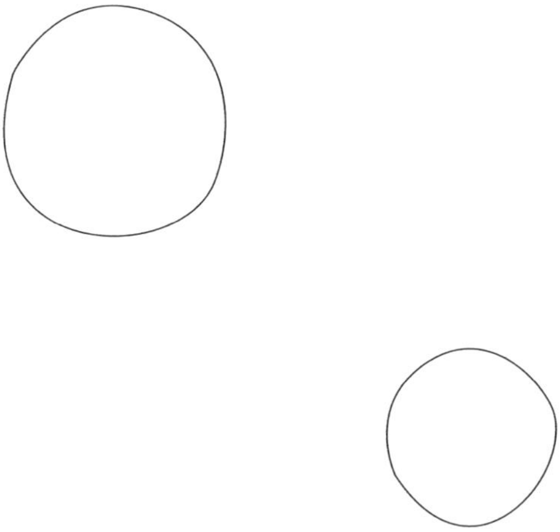

去超市拿一包方便面，

大力捏碎它然后买下来。

请你用透明胶整齐地贴满这张纸。

纸片人也需要尊严，请你
对这位秃头患者添上头发。

试试看，你能用这张纸折叠出多少个

等腰三角形？

（目前最高纪录：18个）

请你将下面的
正方形都变成三角形，
让画面变得统一协调。

补齐这个人的牙齿。

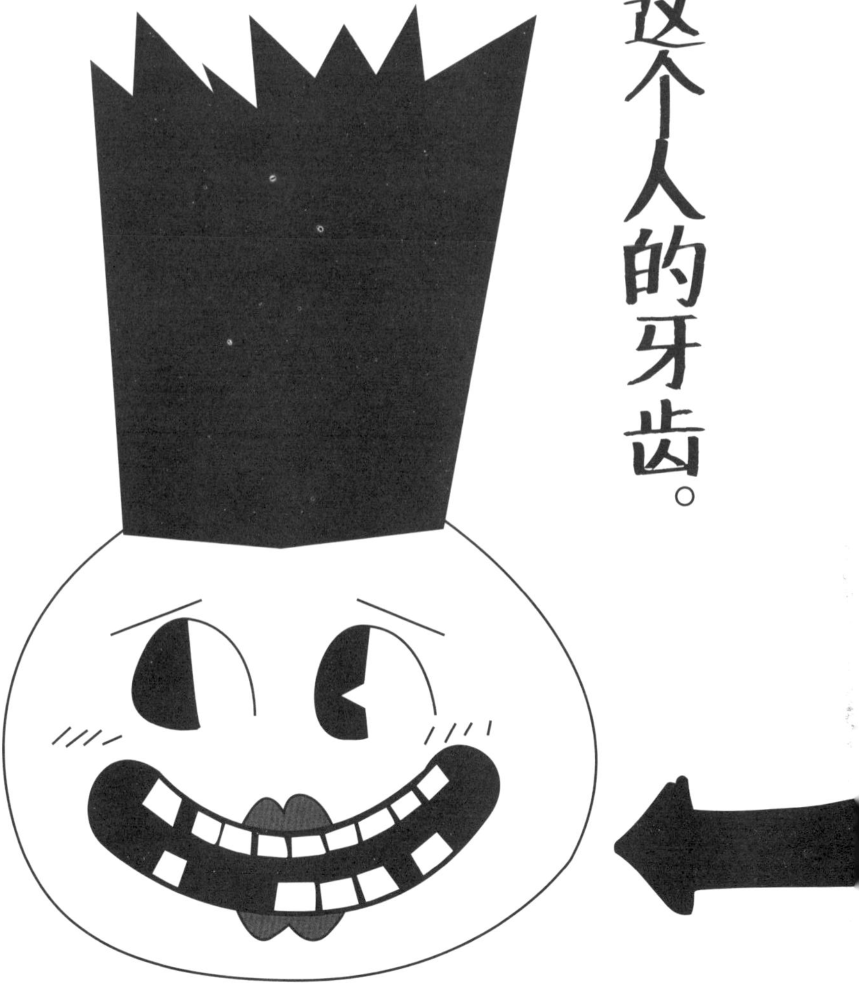

找出下列这段话中的错字并改正，

“困难象弹簧，

看你强不强，

你强ta就弱，

你若它就强。”

你将与本书编辑产生灵魂上的共鸣。

用马克笔写一行字，
再用红笔一笔不断地完成勾线。

抓一把红豆，再抓一把绿豆，
将它们混合在一起，再分开。

完美

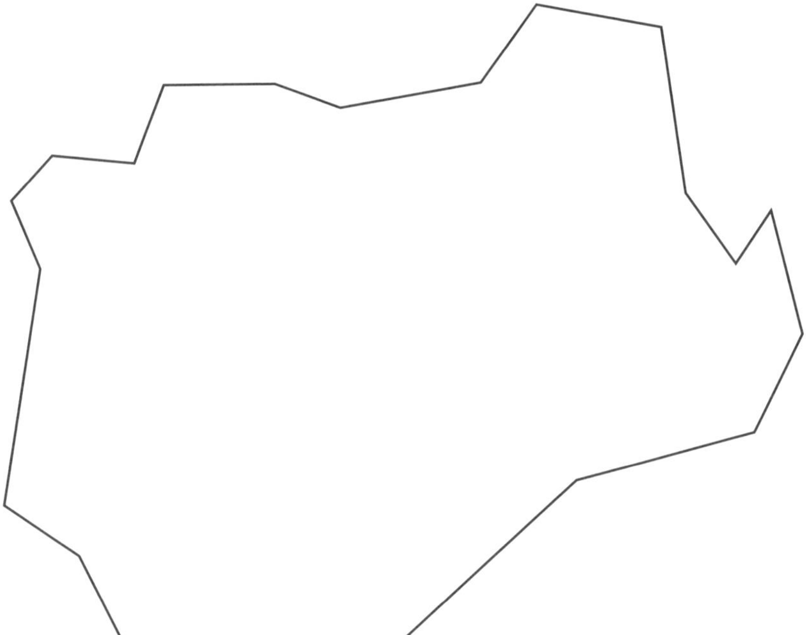

将这个图形所有的顶点用直线连接起来。

用**一条线**把下面这个图形
分成两个三角形。

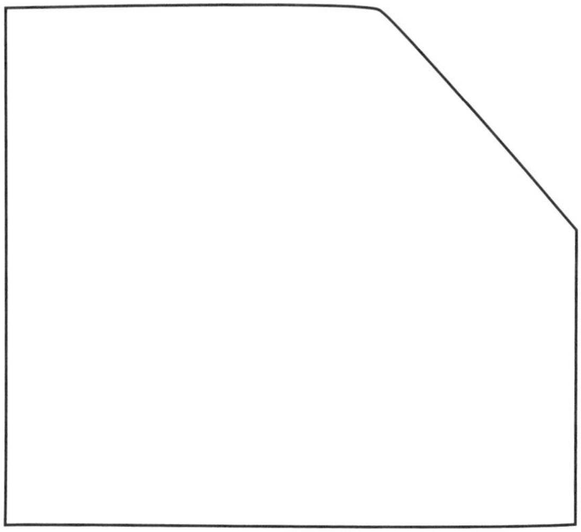

把这本书当成你最痛恨的人，**咬这里**！

请找出这队蚂蚁大军中最小的那一只。

请给这双眼睛做个手术，

让它们看起来大一点。

把这些圆的弧形补充完整。

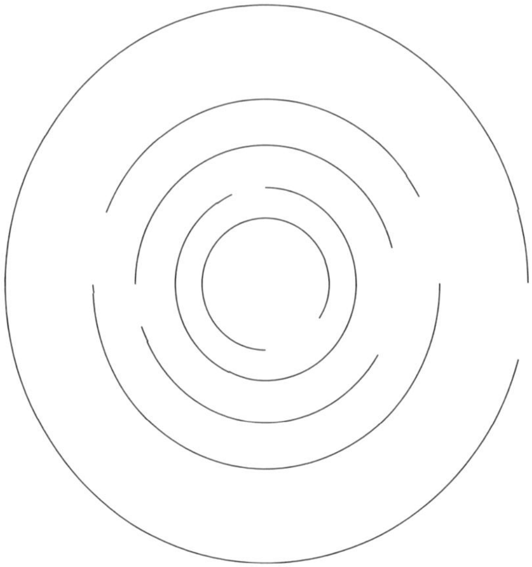

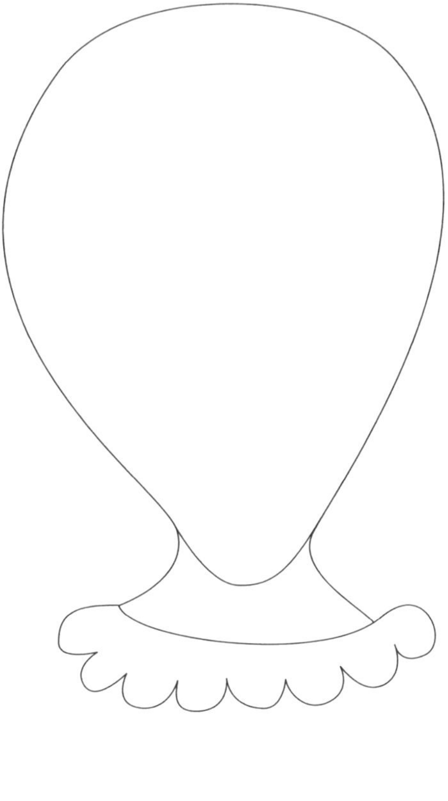

找到七支不同的笔，
为这位玛丽苏画上
七彩的发丝与七色的眼睛。

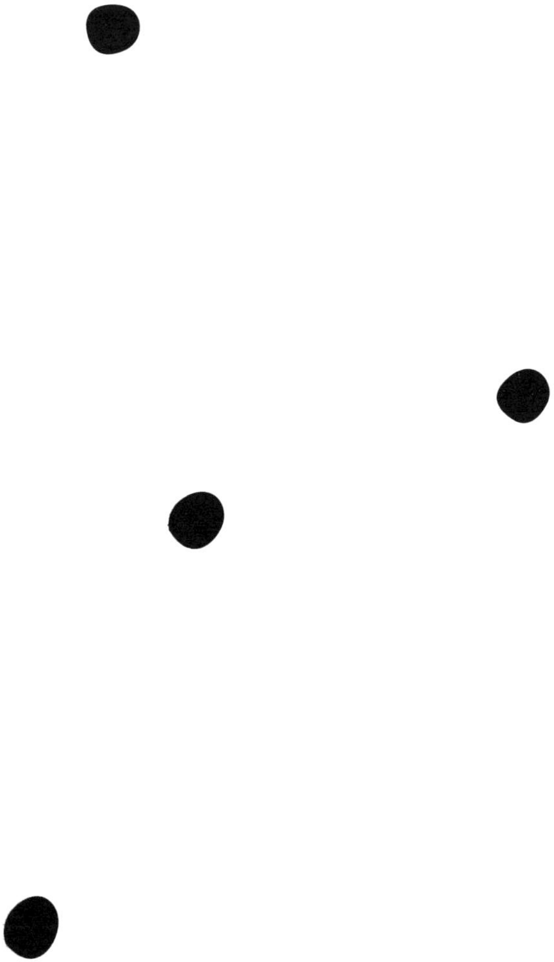

闭上你的眼睛，只靠记忆把这些点用直线连接起来。

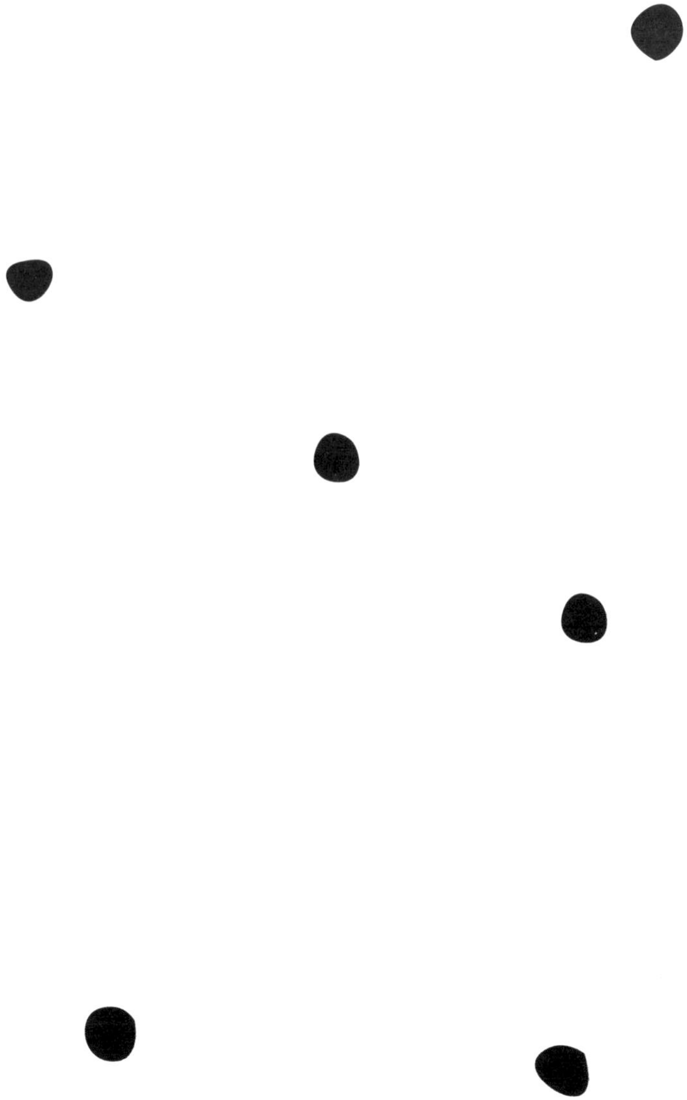

请你一口气从1数到60，
如果断掉，重头开始。

在这一页上立
起两枚硬币。
如果成功，请
写下日期并留
下你的签名。

This is a **备忘录**

写上你今天必须要做的几件事。

做了一件~~划掉一条~~。

将这页纸撕成一条条的，整齐地摞在一起，再揉成小球抛到天上，用本书的正中心接住。

想办法掰断那根翘起来的手指。

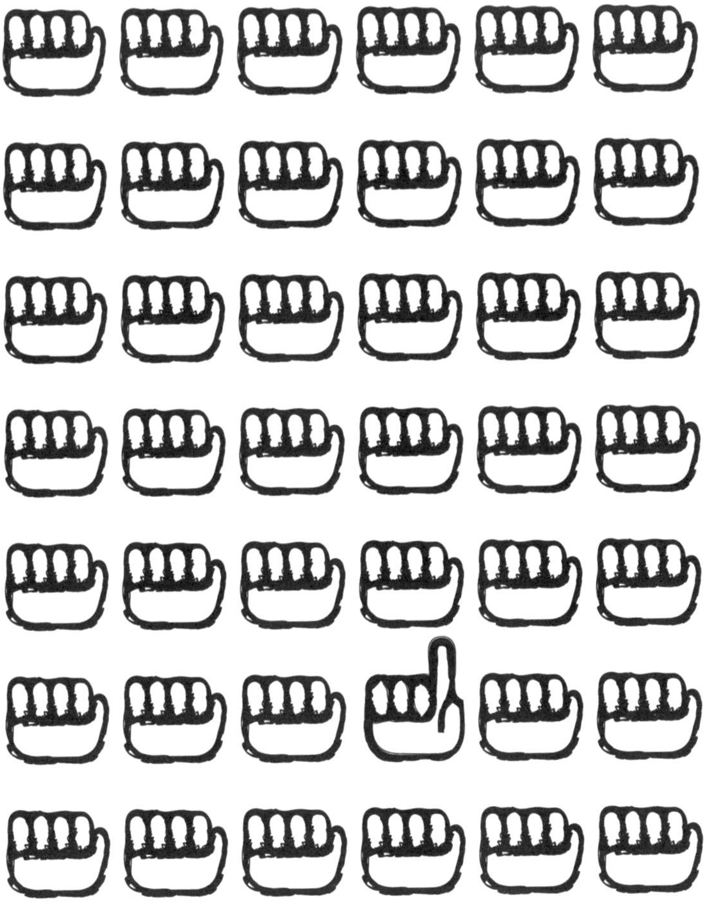

找到能使下面这把椅子看起来
正常的角度。

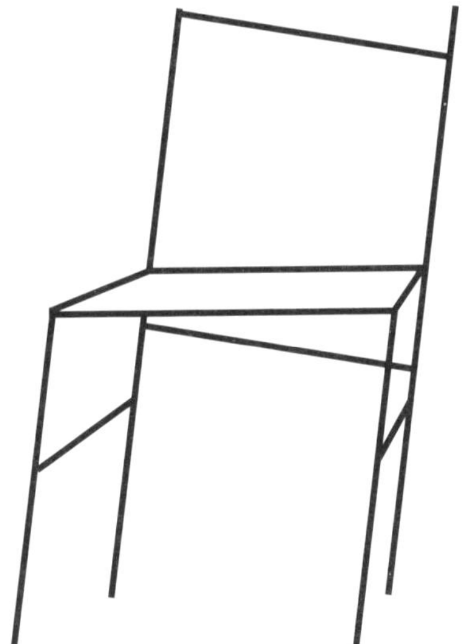

1. 钱用了就会到别人的手里去。

2. 当你的左脸被打，你的左脸就会痛。

3. 这个球不踢歪的话就进了！

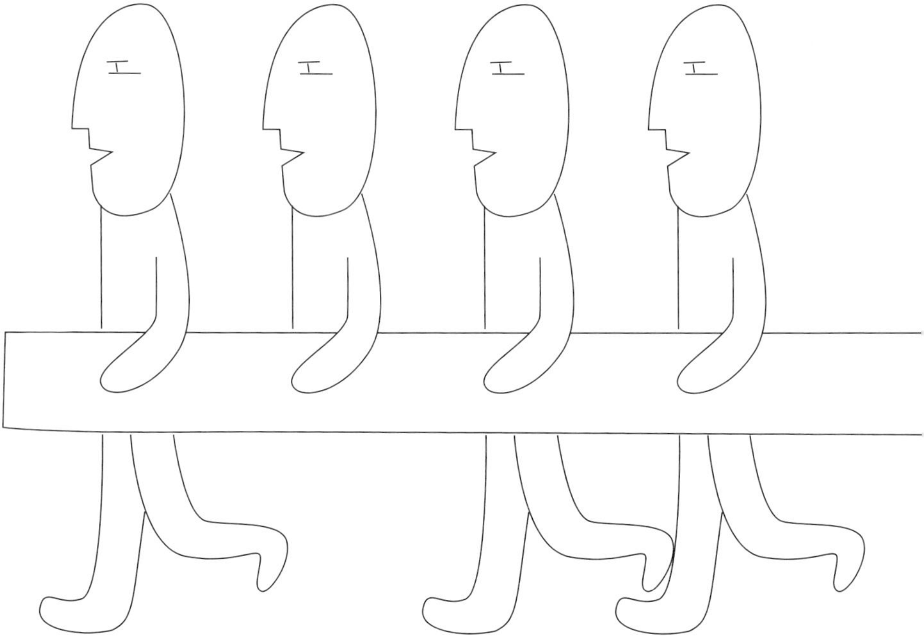

请你把脚的数量补充完整。

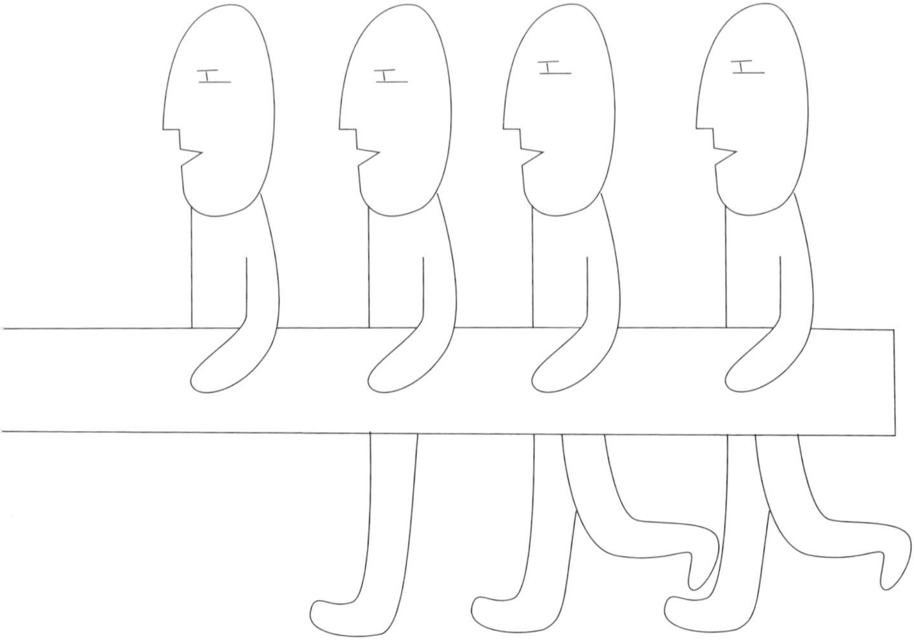

在下列偶数中找出叛徒奇数，圈出来曝光它们。

12	14	68	99	36	75	26
80	56	78	63	34	79	23
46	57	38	62	87	90	28
69	36	17	81	70	45	37
52	73	58	24	65	26	88
04	07	19	86	91	82	64

“

用左手在本页
留下一幅你的
完美画作。

”

睁大你的眼睛，找出下列圆周率中错误的那个数字。

π =

3.14159 26535 89793 23846 26433 83279 50288
41971 69399 37510 58209 74944 59230 78164
06286 20899 86280 34825 34211 70679 82148 08651
32823 06647 09384 46095 50582 23172 53594
08128 48111 74502 84102 70193 85211 05559 64462
29489 54930 38196 44288 10975 66593 34461
28475 64823 37867 83165 27120 19091 45648 56692
34603 48610 45432 66482 13393 60726 02491 41273
72458 70066 06315 58817 48815 20920 96282 92540
91715 36436 78925 90360 01133 05305 48820 46652
13841 46951 94151 16094 33057 27036 57595 91953
09218 61173 81932 61179 31051 18548 07446 23799
62749 56735 18857 52724 89122 79381 83011 94912
08336 73362 44065 66430 86021 39494 63952

24737 19070 21798 60943 70277 05392 17176 29317

67523 84674 81846 76694 05132 00056 81271 45263

56082 77857 71342 75778 96091 73637 17872 14684

40901 22495 34301 46549 58537 10507 92279

68925 89235 42019 95611 21290 21960 86403 44181

59813 62977 47713 09960 51870 72113 49999 99837

29780 49951 05973 17328 16096 31859 50244 59455

34690 83026 42522 30825 33446 85035 26193 11881

71010 00313 78387 52886 58753 32083 81420 61717

76691 47303 59825 34904 28755 46873 11595 62863

88235 37875 93751 95778 18577 80532 17122 68066

13001 92787 66111 95909 21642 01989 38095 25720

10654 85863 27886 59361 53381 82796 82303 01952

03530 18529 68995 77362 25994 13891 24972 17752

83479 13151 55748 57242 45415 06959 50829 53311

68617 27855 88907 50983 81754 63746 49393 19255

06040 09277 01671 13900 98488 24012 ●●●●●●

请将下列鸡和鸭剪下，完美分类并粘贴在纸上。

想办法隐藏这根头发。

请你不借助任何工具画出一个标准的五角星☆

请动手补完这个让人心塞的九宫格。

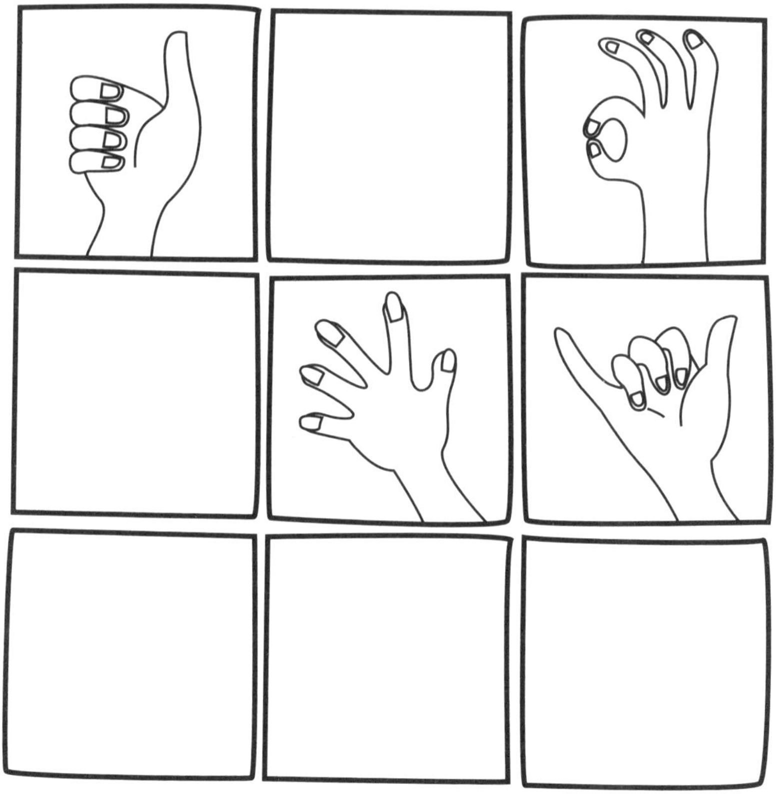

现在放下本书，
将你的手机APP
按颜色分类放置。

拿着这本书，
用七十步，
从你现在所在的位置走到厕所门口。

WC

用墨水在这页纸的正中间
印下一个完整的指纹。

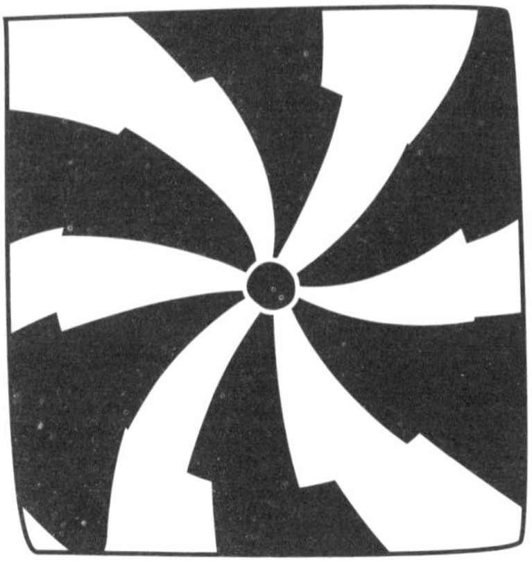

想办法让这些图片变得舒服。

请用你最喜欢的方式摧毁这张纸，并接受你即将失去它的事实。

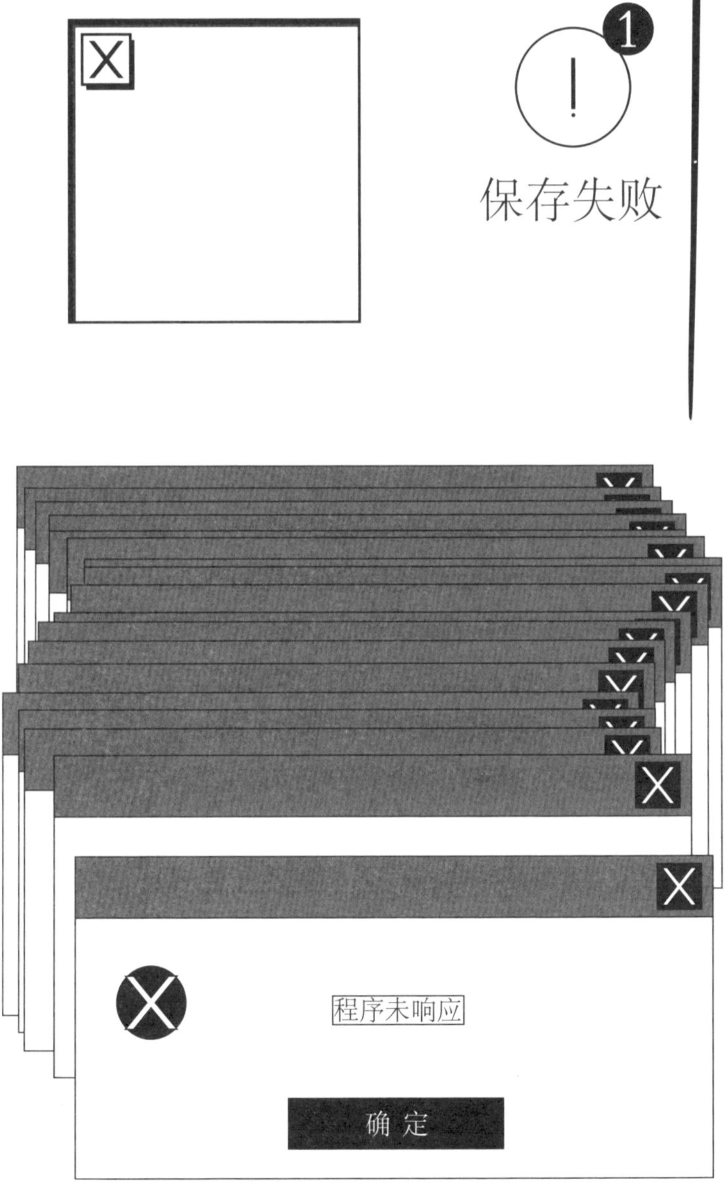

手动让WIFI信号变成你满意的样子。

补全这个轮胎印。

补出正确的二维码，并扫码关注这个小可爱。

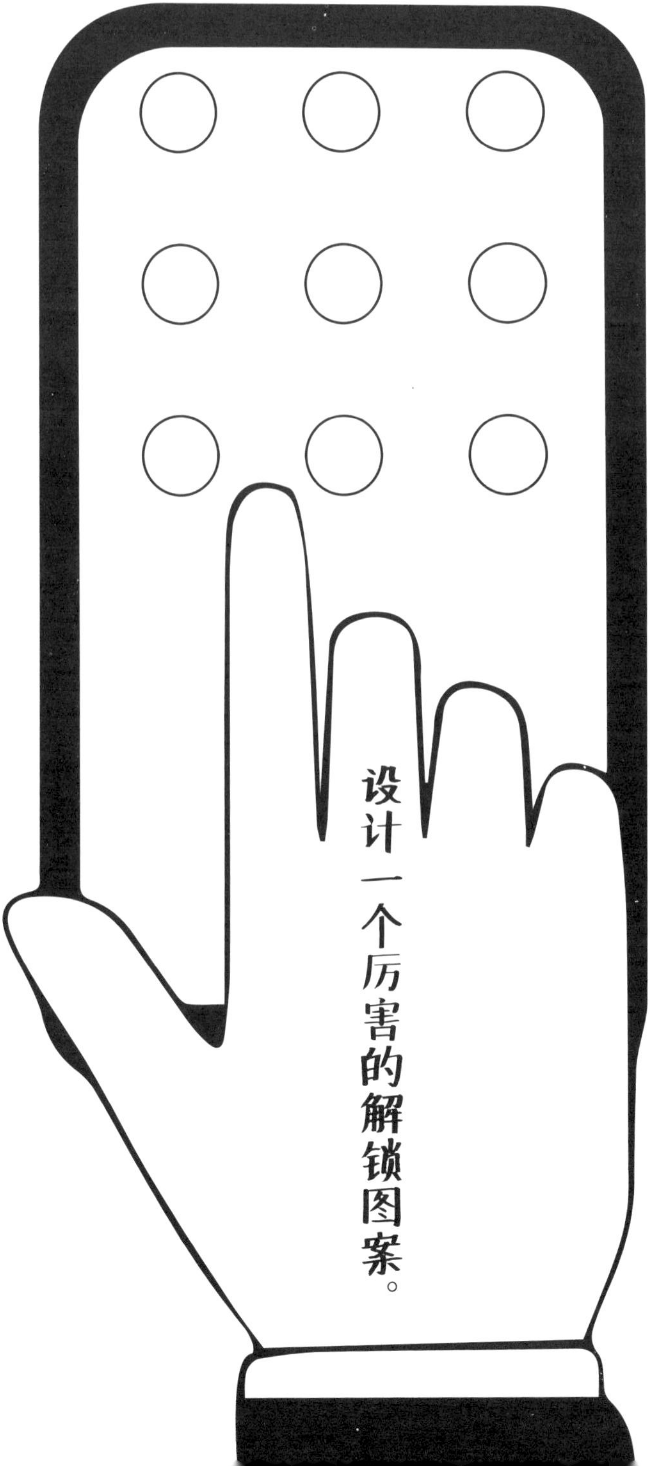
设计一个厉害的解锁图案。

把这只苍蝇剪下来，放到别人的本子上。

惊不惊喜，
意不意外？

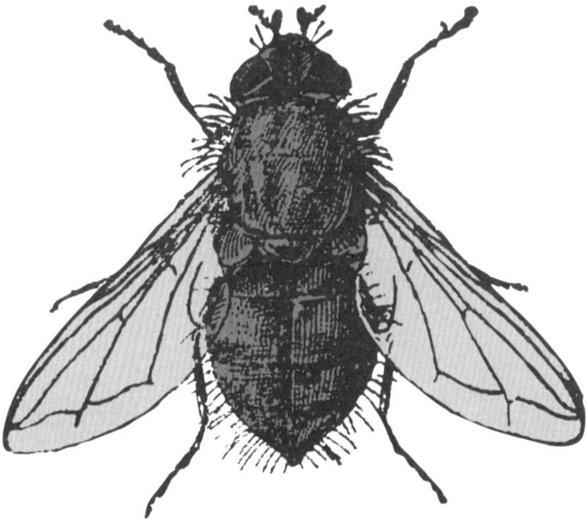

请你把这根钉子掰直。

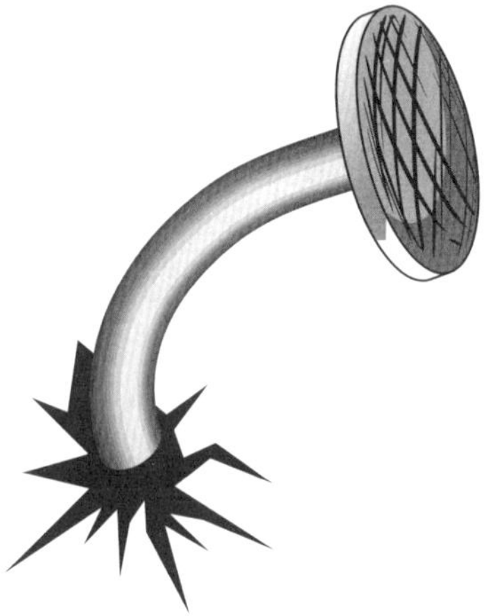

找一把剪刀，

一次性剪破好几张纸。

Esc F1 F2 F3 F4 F5 F6 F7 F8 F9 F10 F11 F12 PrtSc Scroll Lock Pause Break Del
~ ` ! 1 @ 2 # $ 4 % 5 ^ 6 & 7 * 8) 9 (0 _ - + = Backspace Home
Tab Q W E R T Y U I O }] Enter PgUp
Caps Loc A S D G H J K L : ; " ' | \ PgDn
Z X B N M < , > . ? / End
Ctrl Cmd Alt Alt Ctrl Insert

还原这个键盘。

请尽量把你的整只手放进这个框里，不要超出边界。

买一包饼干，啃出下面的形状。

在这一页写下
你此刻的心情感悟，

立刻！马上！

一秒找出下列图案中**画风不对**的那几个。

在分界线右边完美画出与这条线对称的线。

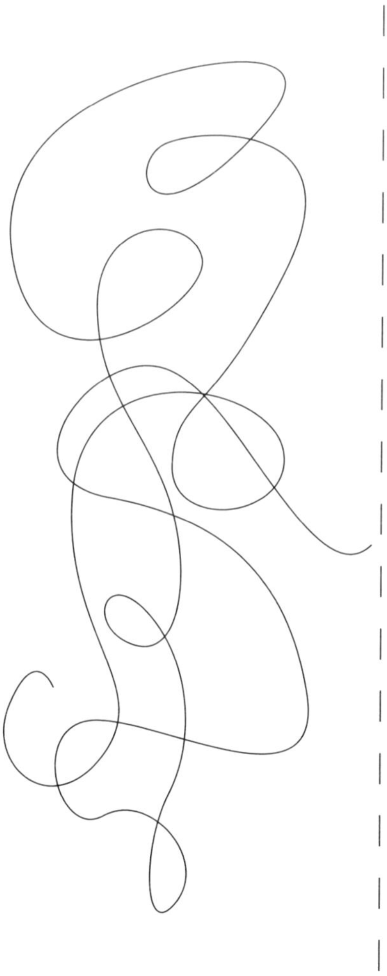

用乱涂乱画的方式来抵
抗本页的精神冲击！！

在阅读本篇文章之前，你可以挑 选一支你喜欢的笔，不管是钢笔还是铅笔还是水性笔还是彩笔……反正 随你开心了，再选择一个你喜欢 的姿势——开始涂画！

写在前面的话：这篇文章不会带给你任 何收获，而且这是一篇你看了会后悔不看会更加后悔的文章。为什么我会这么说呢？你接着往下看就知道了。

当你看到这一整页纸文字的时候，你的内心一定是崩溃的，其实我也这么觉得。

如果要我自己来 定义的话，我会说这是一篇充 满了泪与希望与感动的鸡汤文，而在灌鸡汤之前，我们首先需要用一个故事来切入主题，所以我来讲一个振奋人心的故事吧：

很久很久以前，有一个普通人，买了一本 充满了蜜 汁气息的书，做到了这一页这个充满蜜汁气息的题 目，然后此时此刻 TA 可能会在心里想："这个人究竟 想表达什么？我到底为什么要看这个人在这里讲废话。"TA 的直觉没有欺骗 TA，这篇文章真的是全篇废话，而且，如果 TA 现在抬 起头看看手机，就会惊讶地发现——时间居然已经过去了一分钟！那么这个故事告诉了我们什么呢？它告诉了我们："要 学会珍惜时间"。

现在你是 不是觉得，这篇文章到底在乱七八糟说些什么玩意儿？没错，我也是这么觉得的，可是我还是要继续说。你也不要因此就 不开心，毕竟，你每难过一分钟，就会少开心 60 秒—— 请记住这句至理名言。

此时此刻你可能又会在心里想："讲废 话居然会恐怖如斯！"那既然道理你都懂，你为什么还要花时间 看这张纸到底具体写了啥呢？看完 这段话能带给你任何的收获吗？那必然是完全不能的，这篇文章既 不会就此开创什么"讲废话"小说流派，也不会在字里行间塞给你什么干货——我说的都是真的，你要相信我，后面的内容真的没有什么好看的！

别浪费时间了，拿起你的笔，打开你的专属 BGM ！赶紧画！乱画！随便你怎么画！总之，把这满页的字都盖住吧！ 没人能在属于你的 BGM 里打败 你！让这堆无意义的文字见识你 的厉害！（气氛突然就变得中二了起来呢）

好了，现在，假如你看到了这 句话……说明你还是没有乖乖地把整张纸涂满！所以……唉，再说一遍会显 得我好啰唆。那，你懂我意 思了吗？（眼神暗示）

如果你不把 这张纸摧毁 掉，就意味着你还要继续看 我在这里乱讲，你可能会想问我为什么这么能讲以及为什么要讲这些鬼 东西，那既然你诚心 诚意地发问了，我就大发慈悲地告诉你：因为这就是我的使命啊！

然后，反正你都已经读 到了这里，那么就再顺便做道题目吧～

读完本文，你懂得了以下哪些道理？

A. 发现苗头不对的时候我就应该赶紧走的

B. 原来灌水可以这么灌，真是大开眼界（情不自禁鼓起了掌）

C. 这道题目好像有点浪费我的墨水？？？

D. 这一行交给你自己来想吧

那么，今天的废话讲座就到此为止啦！估计这张纸到目前为止也已经完全不能看了。如果做完本题的同时你有心计个时，也许你就能明白，原来 涂满这张纸的时间你可以做好多事：接个 电话、唱完一首歌，上个厕所，或者读完一篇 1000 多字的 短篇文章……诚如某位名人所说：时间就像 海绵 里的水，只要挤一挤，总还是有的。你知道这句话是谁说的吗？没错，就是那位常年澄清"我没说过这句话"的知名文学家，嘻嘻。

老实讲，能用这种方式把 这满眼废话拐回"教育人们珍惜时间" 的正能量主题，作者自己也没想到。最后，本文作者还辛勤统计了一下 本文字数……请记住这个可怕的数字：1301。

请慷慨地让你的好朋友破坏这一页纸。

请用本书封面成
功地把一摊水从
厕所运到厨房，
不要漏。

将你能找到的一片形状

最完美

的树叶贴在这一页。

在马路上找齐尾号1-8的车，
并记录下它们的颜色。

确认过眼神，是你熟悉的人，拿起笔补全这张图片。

在你的歌单里
找一首喜欢的
歌，单曲循环
100次，会有好
事发生。

完整地撕下一张快递单，
贴在此页。

集齐格瓦拉、淘票票与猫眼的电影票各一张，贴在下列对应方框内。

用嘴咬着笔在这张纸上写字。

的时候带上这本书，
将它立在一边，边上厕所
边唱歌给它听。

不要借助任何工具，用手指把你的手机屏幕擦到不留一丝痕迹。

看见了这些鼓鼓
囊囊的泡泡吗?
按顺序大力戳破
它们吧!

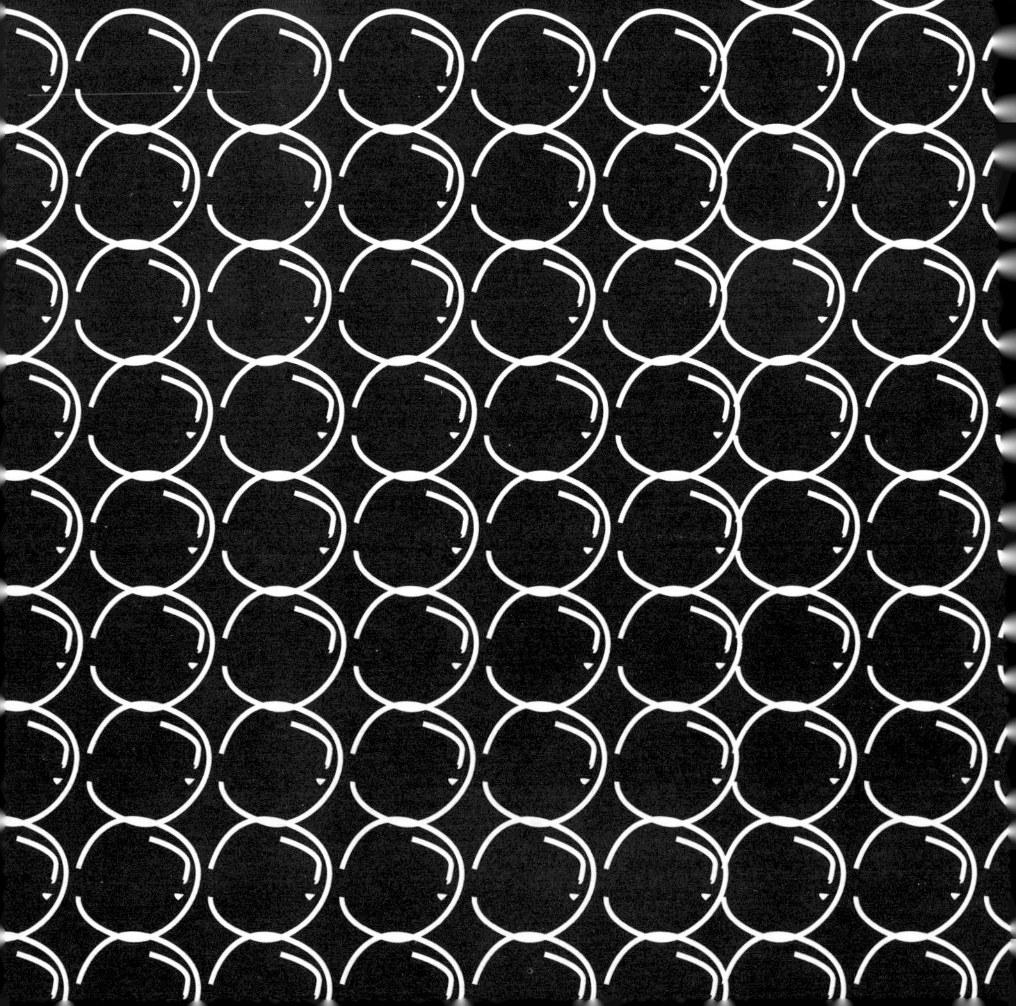

不给你提乱七八糟的要求了，这一页你自由发挥吧。

选一个你喜欢的日子，
将这本书埋到小区进门
左数的第五棵树下。记
得常去给它浇浇水，让
它茁壮成长。

出 品 人 | 朱家君
总 经 理 | 常暮尘
总 编 辑 | 熊 嵩

执行策划 | 彭芷伊
特约编辑 | 胡丽云
装帧设计 | 章 喆 吴穆奕

执行总编 | 罗晓琴
设计总监 | 李 婕
产品经理 | 陈雪琰
发行总监 | 章筱迪
插图绘画 | 吴穆奕
流程校对 | 彭芷伊 胡丽云
宣传营销 | 蒋 惊 蒋 雷

总出品 漫娱文化

图书在版编目（CIP）数据

玩坏这本书 3 / 嗨迪 主编 .—武汉：长江出版社，2018.5

ISBN 978-7-5492-5792-8

Ⅰ. ①玩… Ⅱ. ①嗨… Ⅲ. ①心理压力－调节（心理学）－通俗读物 Ⅳ. ① B842.6-49

中国版本图书馆 CIP 数据核字（2018）第 109527 号

玩坏这本书 3 / 嗨迪 主编

出　　版　长江出版社
（武汉市解放大道1863号　邮政编码：430010）

市场发行　长江出版社发行部

网　　址　http://www.cjpress.com.cn

责任编辑　胡　箐

特约编辑　彭芷伊

装帧设计　章　喆　吴穆奕

印　　刷　武汉市首壹印务有限公司

版　　次　2018年5月第1版

印　　次　2018年6月第1次印刷

开　　本　880mm×1230mm　特规 1 / 32

印　　张　8

书　　号　ISBN 978-7-5492-5792-8

定　　价　30.00元

电话：027-82926557（总编室）　027-82926806（市场营销部）